150 Problemas de matemáticas para 3º de Primaria
TOMO II

Proyecto Aristóteles

Copyright © 2013 Proyecto Aristóteles

Todos los derechos reservados.

Quedan prohibidos, dentro de los límites establecidos en la ley y bajo los apercibimientos legalmente previstos, la preproducción total o parcial de esta obra por cualquier medio o procedimiento, ya sea electrónico o mecánico, el tratamiento informático, el alquiler o cualquier otra forma de cesión de la obra sin la autorización previa y por escrito de los titulares del copyright.

ISBN: 1495375382
ISBN-13: 978-1495375385

A Noelia María y Nachete.

CONTENIDOS

    Para comenzar   i

1 Problemas   3

2 Epílogo   Pg 41

PARA COMENZAR

El blasón del Proyecto Aristóteles es el proverbio *usus, magíster egregius* (la práctica es el mejor maestro). El dominio de cualquier disciplina, incluidas las matemáticas, sólo puede adquirirse a través del ejercicio variado y constante. Éste es el motivo por el cual presentamos nuestra serie especial de problemas para Tercero de Primaria. Los problemas constituyen un tipo de actividad que presenta sus dificultades específicas. Para superarlas no basta con dominar con soltura las reglas básicas de la aritmética sino que se precisa una capacidad de planificación estratégica de los cálculos y operaciones que llevan a la consecución del resultado.

1. Ángela, Sara y Carla se han gastado 378 euros en total los últimos tres días. Si todas se han gastado lo mismo cada día, ¿cuántos euros se ha gastado al día cada una?

2. Una tubería tiene 849 metros. Si dos tercios de ella se han estropeado, ¿qué cantidad de metros sigue funcionando?

3. Esther, Darío y Ramón han recibido una herencia de 7.388 euros. Esther recibirá la mitad de esa cantidad y Darío y Ramón recibirán, cada uno de ellos, la mitad de la cantidad restante. ¿Cuánto recibirá Darío?

4. En una liga de fútbol han participado 28 equipos de 11 jugadores cada uno. Si un jugador de cada equipo es el portero, ¿cuántos porteros han participado en la liga?

5. Virginia, María y Cecilia han llevado al banco 9.382 euros. Si la mitad de esa cantidad la ha llevado Virginia, ¿qué cantidad han llevado María y Cecilia en total?

6. En cada árbol de un parque hay 15 nidos y en cada uno de ellos 9 polluelos. Si en el parque hay 8 árboles, ¿cuántos polluelos hay en el parque?

7. Un transportista ha subido a su camión 692 jarrones cada día durante la última semana. Si cada día la mitad de los jarrones se le rompían, ¿cuántos jarrones ha roto en total en la última semana?

8. Un ganadero tiene 8 rebaños de ovejas y en cada uno de ellos hay 202 ovejas. Si cada oveja tiene 4 patas, ¿cuántas patas hay en total en todos los rebaños del ganadero?

9. En un bol caben 294 trozos de cereales. He desayunado un bol cada día durante los últimos 5 días y he merendado un bol cada día durante los últimos 2 días. ¿Cuántos trozos de cereales he comido durante los últimos 5 días?

10. En un lavavajillas caben 290 cubiertos, 38 platos y 59 vasos. Si en un restaurante hay 4 lavavajillas, ¿cuántos cubiertos, platos y vasos se pueden lavar en ese restaurante?

11. Benito, Daniel, Diego y Jimena han ido a jugar al tenis. Durante los partidos han utilizado 12 pelotas cada uno. Si cada uno de ellos ha perdido la mitad, ¿cuántas pelotas quedan en total al final?

12. Un hombre cultiva 900 ostras para obtener perlas. De esas ostras, la mitad no criará ninguna perla, un cuarto criará 2 y el cuarto restante criará 1. ¿Cuántas perlas obtendrá finalmente?

13. Un ganadero tiene 9 establos y dentro de cada establo hay 67 caballos. Si cada caballo tiene dos orejas, ¿cuántas orejas de caballo podremos contar en los 9 establos del ganadero?

14. En un hotel hay 4 paragüeros a la entrada donde caben 98 paraguas en cada uno. Un día de lluvia se llenan todos lo paragüeros pero por la tarde sólo quedan la mitad en cada uno. ¿Cuántos paraguas quedan en total?

15. Hemos traído 92 racimos de uvas. En cada racimo hay 7 uvas. Si queremos llenar 5 bolsas poniendo la misma cantidad de uvas en cada uno, ¿cuántas uvas habrá en cada bolsa?, ¿cuántas sobrarán?

16. En un zoológico hay 7 manadas de 9 elefantes cada uno. Si sólo un elefante de cada manada tiene colmillos y cada elefante con colmillos tiene dos, ¿cuántos colmillos podremos contar en el zoológico?

17. En un supermercado hay 6 frigoríficos. En cada uno de ellos se guardan 734 kilos de comida. Si se estropean la mitad de los frigoríficos, ¿cuántos kilos de comida se habrán estropeado?

18. En un jardín hay plantadas 839 flores. La mitad de ellas tiene 8 pétalos y la otra mitad tiene 7. ¿Cuántos pétalos podremos contar en el jardín?

19. En un garaje hay aparcados 842 coches. Un gamberro pincha una rueda de cada coche. ¿Cuántas ruedas no ha pinchado?

20. En una obra se necesita cortar una viga de 8.945 metros en cuatro trozos iguales. ¿Cuántos metros de viga sobrarán?

21. Estefanía ha ahorrado 48 euros. Su hermano Guillermo el doble y su prima Nuria ha ahorrado el doble que Guillermo. ¿Cuánto han ahorrado entre los tres?

22. Leire y Sergio han guardado 47 céntimos en el monedero cada día durante los últimos 3 días. ¿Cuántos céntimos han guardado?, ¿cuántos euros?

23. He comprado un ordenador de 958 euros y para pagarlo he entregado dos billetes de 500. ¿Cuántos euros me han devuelto?

24. Concha y Alfredo se han comprado un coche de 10.384 euros. Concha ha pagado un tercio del coche. ¿Cuánto ha pagado Alfredo?

25. En unos grandes almacenes 3.910 artículos en los últimos 8 días. Si cada artículo vale 5 euros y se ha vendido el mismo número de artículos cada día, ¿cuánto dinero se ha recaudado cada día?

26. En un colegio hay 5 aulas y en cada aula se necesitan 24 tizas. Si cada tiza vale 7 céntimos, ¿cuántos céntimos cuesta tener tizas en el colegio?

27. Un camión ha recorrido 88 kilómetros cada hora durante las últimas 4 horas. Si en cada kilómetro se gasta 9 euros en gasolina, ¿cuántos euros en gasolina se ha gastado durante las últimas 2 horas?

28. En un comedor se dan 167 menús al día. Si cada menú cuesta 8 euros, ¿cuántos euros costará dar menús todos los días durante una semana?

29. En un restaurante se ponen 4 velas en cada mesa. Si cada vela cuesta 3 euros y hay 84 mesas, ¿cuántos euros costarán las velas de la última semana?

30. En una tienda de videojuegos hay una estantería con 34 estuches en cada uno de ellos. Si cada estuche contiene 3 videojuegos, ¿cuántos videojuegos en total hay en la estantería?

31. En un polideportivo hay 4 piscinas. Para llenar las dos primeras se necesitan 5.000 litros de agua y para llenar las 2 últimas se necesitan 7.000 litros. ¿Cuántos litros en total se necesitan para llenar de agua todas las piscinas del polideportivo?

32. Si Paula tiene 2 euros y 40 céntimos y Beatriz tiene 5 euros y 35 céntimos, ¿cuántos euros tienen entre las dos?

33. En un parque hay 9 columpios. Si cada hora se suben a cada columpio 6 niños, ¿cuántos niños en total se habrán subido a los columpios del parque al cabo de dos horas?

34. Al día cruzan 859 personas un paso de peatones. Si cada hora cruza la misma cantidad de peatones, ¿cuántos peatones cruzan el paso al cabo de tres horas?

35. En una tienda hay 4.053 pares de calcetines. Si cada par de calcetines cuesta 5 euros, ¿cuánto dinero ganará el dependiente si vende todos los calcetines?

36. En una tienda hay 820 bicicletas. Si cada bicicleta tiene dos ruedas y el precio de cada rueda es de 9 euros, ¿cuánto costarán todas las ruedas que hay en la tienda?

37. Un rinoceronte pesa 1.354 kilos. Si en la manada hay 8 rinocerontes, ¿cuántos kilos pesan todos los rinocerontes de la manada?

38. Si un poni pesa 100 kilos, ¿cuánto pesarán 100 ponis?

39. Si en un zoológico hay 83 jaulas y dentro de cada jaula hay 9 animales, ¿cuántos animales hay en el zoológico?

40. Eduardo, Adrián y Cristina han donado 2.904 euros cada uno. ¿Cuánto dinero han donado entre los tres?

41. El coste del alquiler de un local es de 2.904 euros cada mes. Al cabo de la mitad de un año, ¿cuánto habrá costado el alquiler en total?

42. Si un conejo come 7 kilos de zanahorias cada semana, ¿cuántos kilos de zanahorias habrán comido 830 conejos al cabo de una semana?

43. Un furgón ha llevado al banco 3.875 euros cada día durante los últimos 6 días. ¿Cuánto dinero en total ha llevado el furgón al banco en ese periodo de tiempo?

44. Si en una granja hay 12.369 vacas y cada vaca tiene 4 patas, ¿cuántas patas hay en total en la granja?

45. En una caja de pastillas hay 7 unidades. Si en una farmacia hay 4.895 cajas, ¿cuántas unidades habrá en total en la farmacia?

46. Un paciente consume 2 litros de suero al día. Si en un hospital hay 4 plantas y en cada planta hay 452 pacientes, ¿cuántos litros de suero se consumen a diario en el hospital?

47. En la mochila guardo 4 euros y 20 céntimos. En la riñonera tengo 2 euros y 57 céntimos. ¿Cuántos euros llevo?

48. Un equipo de fútbol ha marcado 895 goles esta temporada. Si los goles los han marcado 5 jugadores y cada uno de ellos ha marcado el mismo número de goles, ¿cuántos goles ha marcado cada uno de los 5 jugadores esta temporada?

49. Un cantante ha dado 3 conciertos a la semana. Si cada concierto ha tenido 683 asistentes, ¿cuántas personas han escuchado al cantante en ese periodo de tiempo?

50. Roberto, Juana y Mario han creado un fondo común de 74.920 euros. Si deciden que la mitad de ese fondo no puede gastarse, ¿cuántos euros sí podrán gastarse en total?

51. En una papelera se tiran al día 6 kg de basura. Si en una avenida hay 389 papeleras en cada acera, ¿cuántos kilos de basura habrá en todas las papeleras de los 2 lados de la avenida al cabo de un día?

52. En un taller hay 8.025 tuercas, si al cabo de un año se ha perdido un tercio, ¿cuántas quedan?

53. Hemos llenado 290 botellas de agua con una capacidad de dos litros cada una. La mitad de esas botellas, ¿cuántos litros de agua contendrán en total?

54. Un obrero fabrica 84 piezas al día. Durante los últimos 6 días, ¿cuántas ha fabricado? Si la mitad de esas piezas son inservibles, ¿cuántas seguirán sirviendo?

55. Un camión trae 84.972 fresas. Si un cuarto de ellas están aplastadas, ¿cuántas fresas no lo estarán?

56. En un garaje hay aparcados 896 coches y 290 motos. Si cada coche tiene 4 ruedas y cada moto tiene 2, ¿cuántas ruedas podemos contar en el garaje?

57. Gustavo tiene en la hucha 590 euros. Jesús tiene el doble que Gustavo y Almudena tiene la mitad que Jesús. ¿Cuántos euros tienen en la hucha Gustavo y Almudena juntos?

58. Hemos distribuido 9.034 kilos de cerezas en 7 camiones. ¿Cuántos kilos hemos metido en cada camión?, ¿cuántos han sobrado?

59. Si una persona escucha la radio 686 minutos al cabo de una semana y cada día escucha el mismo número de minutos, ¿cuántos minutos escucha la radio al día?

60. Un museo almacena 90 huesos en 8 salas. Si un cuarto de esos huesos van a ser cedidos para una exposición, ¿cuántos quedarán en el museo?

61. Hemos usado 380 sacapuntas y con cada uno de ellos hemos sacado punta a 3 lápices. Si la mina de un tercio de los lápices se ha roto, ¿cuántos lápices quedan con la mina entera?

62. He contado 4.893 gotas en cada una de las ventanas un día de lluvia. Si en mi casa hay 6 ventanas y al cabo de una hora la mitad de las gotas se han evaporado, ¿cuántas gotas habrá aún en todas las ventanas de la casa?

63. En la cartera tengo 3 euros y 12 céntimos y en el monedero tengo 5 euros y 8 céntimos. ¿Cuántos euros tengo?

64. Si he tardado 4 horas en terminar todos los deberes, ¿cuántos minutos he tardado en terminarlos?

65. Si un avión ha recorrido 450 kilómetros cada minuto, ¿cuántos kilómetros habrá recorrido al cabo de 10 minutos?

66. Al intentar llenar una piscina echamos 3 litros de agua cada minuto. ¿Cuántos minutos tardaremos en llenar la piscina si se requieren 8.940 litros?

67. Hemos llenado 6 ollas con 390 judías cada uno. Si al cabo de una hora se cuecen la mitad de las judías, ¿cuántas quedan por cocer?

68. Si tenemos un trozo de cinta de 6.471 centímetros y queremos cortarla en trozos de 5 centímetros, ¿cuántos trozos haremos?, ¿cuántos centímetros sobrarán?

69. En un restaurante se dan 39 menús al día. Cada menú incluye tres platos y cada plato cuesta 6 euros. ¿Cuánto ingresará el restaurante al cabo de un día?

70. En una tienda hay 372 abrigos y cada abrigo tiene 8 botones. Si un cuarto de los botones están mal cosidos, ¿cuántos botones están bien cosidos en total?

71. En un parque eólico hay 8.946 molinos y cada molino tiene 8 aspas. ¿Cuántas aspas hay en total en el parque eólico?

72. Una gallina pone 4 huevos al día. Si en una granja hay 629 gallinas, ¿cuántos huevos se pondrán en la granja al cabo de 9 días?

73. Durante la vendimia se han recogido 38.208 kilos de uva. Si se han necesitado 8 obreros para recogerlos, ¿cuántos kilos de uva habrá recogido cada obrero?

74. Tenemos que repartir 410 litros de vino en tinajas de 4 litros de capacidad cada una. ¿Cuántas tinajas necesitamos?, ¿cuántos litros sobran?

75. Si en una clase hay 39 alumnos y cada alumno tiene 2 manos y cinco dedos en cada mano, ¿cuántos dedos podremos contar en las manos de todos los alumnos de la clase?

76. Una impresora es capaz de imprimir 5.296 páginas cada día. Al cabo de 3 días, ¿cuántas hojas habrá impreso?

77. En una hoja caben 10 líneas. ¿Cuántas líneas habrá en 200 hojas?

78. He comprado dos artículos de 3.095 y 1.048 euros cada uno. Si he entregado 5.000 euros al dependiente, ¿cuántos tiene que devolverme?

79. En un bolsillo tengo 23 céntimos y en otro bolsillo tengo 2 euros y 54 céntimos. ¿Cuántos euros tengo en total?

80. En una casa hay 9 pisos y en cada piso 4 vecinos. Si cada vecino recibe 28 cartas al día, ¿cuántas cartas se reciben en la casa en total al cabo de dos días?

81. En una tienda de muebles hay 289 sofás y en cada uno de ellos hay 6 cojines. Si la mitad de los cojines están descosidos, ¿cuántos cojines descosidos hay en la tienda de muebles?

82. Si una persona tiene 20 dedos, ¿cuántos dedos en total tendrán 100 personas?

83. En una tienda se ingresan 681 euros a diario. Si un tercio de esa cantidad se destina a pagar a los proveedores, ¿cuánto dinero se paga a los proveedores al cabo de una semana?

84. Alberto tiene 9 euros y 34 céntimos y Eduardo tiene 3 euros y 43 céntimos, ¿cuántos euros tienen entre los dos

85. En una droguería hay 924 botes de desodorante y 2.084 frascos de colonia. Si se venden un cuarto de los artículos de la tienda, ¿cuántos artículos quedan?

86. Para confeccionar una cortina se requieren 5 metros de tela. Al cabo de un año no bisiesto, ¿cuántos metros de tela se han usado para fabricar cortinas si se ha trabajado todos los días y se han fabricado 9 cortinas diariamente?

87. En una biblioteca se han hecho 4 pedidos al día de 6.298 libros cada uno. Al cabo de 6 días, ¿cuántos libros ha pedido en total la biblioteca?

88. En una tienda de zapatos hay 6 armarios con 926 cajas de zapatos dentro de cada uno. Si en cada caja hay dos zapatos, ¿cuántos zapatos hay dentro de la tienda?

89. Una central nuclear abastece de energía a 6.290 hogares. Si la central funciona durante 8 horas al día, ¿a cuántos hogares habrá abastecido de energía durante 6 días?

90. Marisa, Fermín y Gema han ahorrado en total 38.944 euros. La mitad de esa cantidad la ha ahorrado Marisa y Fermín y Gema han ahorrado lo mismo. ¿Cuánto ha ahorrado Gema?

91. Tenemos que envolver 9 paquetes y usamos 29 centímetros de papel para envolver cada uno. Hemos comprado el doble de papel del que necesitamos. ¿Cuánto papel hemos comprado?

92. En un baúl hay guardadas 94 prendas de ropa. Si en cada casa hay 10 baúles y en el pueblo hay 100 casas, ¿cuántas prendas de ropa hay guardadas en total en todo el pueblo?

93. Julio ha visto 2 películas al día durante los últimos 9 días. Si cada película dura 84 minutos, ¿cuántos minutos de película ha visto al cabo de 9 días?

94. Unos almacenes ingresan 28.032 al cabo de un mes. Un cuarto de esa cantidad se gasta en sueldos y hay 2 dependientes. ¿Cuánto gana cada dependiente?

95. Un camión de la basura recoge 88.950 kilos de basura cada día. Si un tercio de la basura se recicla, ¿cuántos kilos de basura no se reciclan al cabo de una semana?

96. Un radar pone 2.093 multas al día. ¿Cuántas multas habrá puesto al cabo de 10 días?

97. En una tienda de ropa hay 48 maniquíes en cada planta y la tienda tiene 10 plantas. Si cada año un tercio de los maniquíes se estropean, ¿cuántos maniquíes quedan sin estropear en la tienda al cabo de un año?

98. Para hacer un zapato se requieren 53 centímetros de cordón. Si hemos hecho 1.000 zapatos, ¿cuántos centímetros de cordón había en ellos?

99. En una mano tengo 8 euros y 34 céntimos. En otra mano tengo 9 euros y 16 céntimos. ¿Cuántos euros tengo en total?

100. Un agricultor carga 89.346 kilos de patatas en 9 camiones. ¿Cuántos kilos mete en cada camión?, ¿cuántos sobran?

101. En un dispositivo de memoria caben 70.061 archivos. Si tengo 4 dispositivos de memoria, ¿cuántos archivos podré guardar en total?

102. Una fuente echa 930 litros de agua cada hora. Si un tercio de esos litros son consumidos por las personas, ¿cuántos litros no son consumidos al cabo de 2 horas?

103. Un afilador ha recibido 38 cuchillos de 9 restaurantes diferentes. Si es capaz de afilar 8 cuchillos cada minuto, ¿cuántos minutos tardará en afilar todos los cuchillos?

104. En una boda se sirven 895 botellas de vino y en un restaurante ha habido 8 bodas al cabo de un mes. Si un cuarto de las botellas servidas no se han bebido, ¿cuántas botellas se han bebido al cabo de un mes?

105. Si Sofía tiene 7 euros y 22 céntimos y Eduardo tiene 5 euros y 8 céntimos, ¿cuántos euros tienen entre los dos?

106. Una fábrica envasa 890 botellas de 5 litros de leche cada día. Si cada litro de leche cuesta 2 euros, ¿cuántos euros gana al día el dueño de la fábrica?

107. Blanca, Leticia e Irene ganan en total 6.780 euros al mes. Si Leticia gana un tercio de esa cantidad, ¿cuánto ganan en total Blanca e Irene?

108. En una tienda de muebles hay 6.295 sillas. Si cada silla tiene 4 patas, ¿cuántas patas podemos contar en la tienda?

109. En un almacén hay 89.620 kilos de tomate. Si queremos repartir todos los kilos de tomate en 5 días, ¿cuántos kilos tendremos que repartir cada día?

110. Victoria tiene 7.456 euros. Se queda con la mitad y reparte el resto entre sus dos hermanas, dando lo mismo a cada una. ¿Cuántos euros reciben cada una de las hermanas de Victoria?

111. He escuchado 56 minutos de música 3 veces al día durante los últimos 6 días. ¿Cuántos minutos de música he escuchado en total?

112. Un granjero tiene que meter 5.047 pollos en 6 camiones. ¿Cuántos pollos habrá en cada camión?, ¿cuántos sobran?

113. Un camión lleva 8.928 kilos de carne. Reparte la mitad durante la mañana y por la tarde reparte la mitad de lo que le quedaba. ¿Cuántos kilos de carne quedan en el camión al final del día?

114. Si Agustín tiene 4 euros y 32 céntimos y Elena tiene 2 euros y 41 céntimos, ¿cuántos euros tienen entre los dos?

115. Una señal de tráfico pesa 45 kilos. Si a lo largo de una carretera se han puesto 1.000 señales de tráfico, ¿cuántos kilos pesarán en total las señales de tráfico de la carretera?

116. En un concierto se han vendido 15.389 entradas y cada una de ellas ha costado 6 euros. Si el músico tiene que pagar 23.942 euros a sus acompañantes, ¿cuánto dinero ganará el músico con la venta de las entradas?

117. La habitación de Luis mide 8 metros de largo y el salón de su casa mide el triple. Si el salón de la casa de Andrés mide el doble que el salón de la casa de Luis, ¿cuántos metros mide el salón de Andrés?

118. Para hacer una jarra de zumo de tomate necesitamos 8 tomates. Con 4.712 tomates, ¿cuántas jarras de zumo podremos hacer?, ¿sobrará algún tomate?

119. Un barco faenero ha capturado 9.306 sardinas. Si en cada lata caben 6 sardinas, ¿cuántas latas podremos hacer con la captura del barco?

120. En una pastelería se han vendido 3.000 cajas de bombones en el último mes. Si cada caja de bombones costaba 10 céntimos, ¿cuántos euros han ganado en la pastelería con la venta de los bombones?

121. Francisco y Ana quieren comprar una silla que cuesta 54 euros. Si Francisco tiene 3 billetes de 5 euros y 5 monedas de 2 euros y Ana tiene 1 billete de 10 euros y 4 monedas de 1 euro, ¿tienen dinero suficiente entre los dos para comprar la silla?, ¿cuántos euros les faltan?

122. Un tigre ha recorrido 23 metros para llegar a su guarida. Si después tiene que recorrer el triple de metros para ir al lago, ¿cuántos metros habrá recorrido en total?

123. Andrés tiene que recorrer 4.389 metros para llegar a casa de Sofía. Si la casa de Adela está a 3.589 de distancia, ¿cuántos metros tendrá que recorrer Andrés para visitar a Adela?

124. Una torre tiene 45 metros de alto. Si hay un piso cada 5 metros en esa torre, ¿cuántos pisos hay en total en la torre?

125. Un tractor ha arado 4.365 metros de tierra. Si se planta un melón cada 45 metros, ¿cuántos melones se habrán plantado?

126. Un premio de 7.230 euros se ha repartido entre 5 personas. ¿Cuánto dinero ha recibido cada una?

127. La cena de Alberto y Enrique ha costado 124 euros. Si han entregado 4 billetes de 20 euros, 5 de 10 euros y 5 monedas de 1 euro para pagarla y han dejado como propina la diferencia entre lo que han pagado y el coste de la cena, ¿cuántos euros han dejado de propina?

128. Si el mástil de un yate mide 400 centímetros y el mástil de un velero mide 2 metros más, ¿cuántos centímetros mide el mástil del velero?

129. Un túnel tiene una altura de 7 metros y un camión tiene una altura de 370 centímetros. ¿Cuántos centímetros de diferencia hay entre la altura del camión y la del túnel?

130. Unas orugas procesionarias se han puesto en fila para caminar hacia un árbol. Si cada oruga mide 5 centímetros y hay 500 orugas en la fila, ¿cuántos metros mide la fila de orugas?

131. Tenemos que enchufar un televisor y hay 429 centímetros de distancia entre el aparato y el enchufe. Si el cable de la televisión mide 29 centímetros, ¿cuántos metros faltan para poder enchufarla?

132. Susana debe comprar tela para hacer unas cortinas. Si las ventanas miden 648 centímetros y ha comprado 8 metros de tela, ¿cuántos centímetros de tela sobran?

133. Una cuerda de tender mide 5 metros. Si colgamos una prenda cada 25 centímetros, ¿cuántas prendas podremos colgar?

134. Esta noche ha llovido en Cuenca y en Guadalajara. Si en Cuenca Belén ha llenado 5 cubos de 12 litros de capacidad y en Guadalajara Sandra ha llenado 8 cubos de 7 litros de capacidad, ¿quién ha recogido más litros de lluvia?, ¿cuántos ha recogido cada una?

135. Si se recomienda que un adulto beba 2 litros de agua al día, ¿cuántos litros habrá bebido al cabo de 9 semanas?

136. Un pintor usa 5 litros de agua cada día para limpiar sus pinceles. Si pinta todos los días, ¿cuánta agua habrá utilizado para limpiar sus pinceles al cabo de 6 semanas?

137. En un restaurante se usan al día 46 litros de agua para cocinar y 802 litros de agua para fregar los cacharros. Si todos los días se usa la misma cantidad de agua para esas tareas, ¿cuántos litros de agua se habrán usado al cabo de una semana?

138. En un acuario se necesitan 830 litros de agua al día para llenar las peceras. Si la mitad de esos litros de agua se destina a la pecera de las estrellas de mar, ¿cuántos litros de agua se necesitarán en el acuario para llenar esa pecera al cabo de dos días?

139. Un jardinero utiliza 792 litros de agua para regar un parque. La mitad de esos litros de agua se destinan a las rosas. La otra mitad se reparte en partes iguales entre los arbustos y los árboles. ¿Cuántos litros de agua se destinan a los arbustos?

140. En una piscifactoría se emplean 8.378 litros de agua en llenar los tanques de los peces. Si al cabo del día la mitad de esos litros de agua se mandan al desagüe, ¿cuántos litros de agua se mandan al desagüe al cabo de 4 días?

141. Un día de lluvia caen a una alcantarilla 5.224 litros de agua. La mitad de esos litros de agua van a una planta de depuración. La otra mitad se queda en un depósito. ¿Cuántos litros de agua habrán llegado a la planta de depuración al cabo de 8 días de lluvia?

142. En un almacén hay 16 botellas de batido. Si la mitad de ellas contienen un cuarto de litro y la otra mitad contienen un litro de batido, ¿cuántos litros de batido hay en total en el almacén?

143. Un cocinero tiene 7 ollas de un litro de capacidad, 4 ollas de medio litro de capacidad y 24 ollas de un cuarto de litro de capacidad. ¿Cuántos litros en total caben en las ollas del cocinero?

144. Si con 2 naranjas hacemos un cuarto de litro de zumo, ¿cuántos cuartos de litro de zumo haremos con 16 naranjas?, ¿cuántos litros?

145. Durante la comida Carlos ha bebido 3 vasos de 200 centilitros de agua y durante la cena ha bebido 2 vasos de agua de la misma capacidad. ¿Cuántos litros de agua ha bebido Carlos durante la comida y la cena?

146. Para cocinar los platos de un menú se usan cada día en un restaurante 8 ollas de 250 centilitros de capacidad. Al cabo de una semana, ¿cuántos litros de agua se usan para cocinar en ese restaurante?

147. Un geranio necesita ser regado con 2 litros de agua al día. Si la regadera tiene 100 centilitros de capacidad, ¿cuántas veces necesitamos llenar la regadera cada día para regar el geranio?

148. Un extintor tiene una capacidad de 600 centilitros. Si en un edificio hay 5 extintores, ¿cuántos litros de líquido contienen en total los extintores del edificio?

149. En una chocolatería se usan vasos de 220 centilitros de capacidad. Si al cabo del día se han servido 11 litros de chocolate, ¿cuántos vasos se han utilizado para ello?

150. En una excursión 5 montañistas llevan, cada uno de ellos, 2 cantimploras. Si cada cantimplora tiene una capacidad de 800 centilitros, ¿cuántos litros de líquido llevan en total los montañistas?

EPÍLOGO

¡Buen trabajo!

Acabas finalizar el Tomo II de la serie de Problemas para Tercero de Primaria.
Si quieres continuar practicando consulta en tu librería, en Amazon o en nuestra web:

www.proyectoaristoteles.com

www.ingramcontent.com/pod-product-compliance
Lightning Source LLC
Chambersburg PA
CBHW071808200526
45167CB00017B/1464